El Real Origen del Universo

Una Versión Corta

Por Forester de Santos

© 2018 Forester de Santos

All Rights Reserved

No part of this book may be copied, sold or distributed, in either printed or electronic format, without the written permission of Forester de Santos. Thank you so much!

Kindle Edition

Todos Derechos Reservados

Ninguna porción de este libro puede ser copiada, vendida o distribuida, ni imprimido o en forma electrónica, sin el permiso por escrito de Forester de Santos. ¡Gracias, muchas gracias!

Edición Kindle

Prólogo

Dichoso en verdad todo aquel hombre que tiene conocimiento verdadero de como la existencia o de como el universo en verdad funciona porque todo aquel hombre también conoce como todo aquel hombre mismo funciona.

Y él también hará como la misma existencia hace para seguir existiendo o viviendo pero existiendo o viviendo como si por siempre nuevos y en completa abundancia...

Reconocimiento

Le doy mucha gracias a mi Padre, que amado es, por pedirme una vez, algo como nueve años atrás, que no le hablara yo en lenguas extranjeras porque según mi Padre amado, ¡pues no las recordaba muy bien!

Desde entonces me interesé pero mucho en nuestro rico lenguaje de habla español y por eso yo he sido un gozoso escritor, ¡a pesar que aprendí a pensar, hablar y a escribir en otra lengua no mía!

Y la gran atención de muchos de ustedes de habla español ha sido más que los del otro lenguaje.

¡Gracias, muchas, muchas gracias! Firma, Forastero de Santos.

Dedicación

Esta edición especial electrónica de este libro "El Real Origen del Universo" es dedicada a todos aquellos que buscan la realidad o la verdad para con la realidad o con la verdad hacer para vivir y entender y reconocer.

Porque en verdad, todos aquellos que han muerto y todos aquellos que morirán, pues han dejado de hacer y nunca sabrán y menos podrán reconocer porque reconocer o recibir reconocimiento es renacer vivo en vida para continuar con vida en completa abundancia…

El Real Origen del universo / Forester de Santos

Tabla de Contenido

Introducción……pg. 6

El verdadero origen del universo……pg. 6

Capítulo 1……pg. 9

¿Qué hace el universo redondo?......pg. 9

Capítulo 2……pg. 16

¡Entre los dos infinitos!......pg. 16

Capítulo 3……pg. 22

¡La existencia siempre fue!......pg.22

Conclusión……pg. 24

¡El único principio real!......pg. 24

¡Gracias!......pg. 26

Algo Más Sobe Este Escritor……pg. 29

Notas Para completar……pg. 31

Otros títulos por Forester de Santos:……pg. 33

¿Quién soy yo real?......pg. 34

Introducción

El verdadero origen del universo

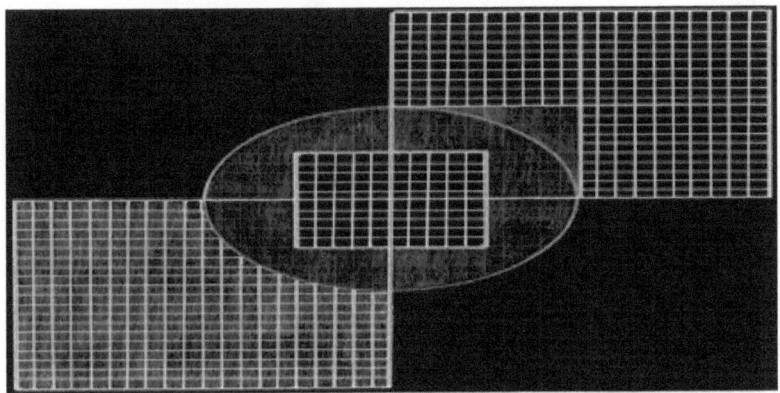

Explicar o entender el real o el verdadero origen del universo o el único origen de la existencia no es una obra muy fácil, ¡pero sí se puede lograr!

Explicar o entender el verdadero origen del universo o de la existencia requiere una simple teoría científica y un simple hecho científico o una simple prueba o hecho físico que se puede en verdad con probar físicamente.

Explicar o entender el real origen del universo o de la existencia en verdad requiere describir algo físico que no se puede ver con algunas piezas o hechos que ya se tienen en mano.

Pues en verdad, no podemos ver nuestras mismas caras enfrente de nosotros mismos si no hay una reflexión física o si no hay alguna sensación física y es más fácil hacer teorías o fantasías que creer o ver la misma realidad.

Nuestra mente natural o nuestro instinto animal es ver en partes o ver en pedazos y no ver por completo y solo ver los pedazos o las partes cuando las partes o los pedazos están en movimiento en la luz.

No podemos, en verdad, ver la imagen completa si no vemos primeros las partes o los pedazos que a la imagen componen.

Y es también un instinto animal ver partes o pedazos y no ver por completo. Un animal, por ejemplo, no puede ver un árbol.

Un animal solo puede ver parte de ese árbol y aunque el animal puede ver distintas partes de ese árbol, ese animal no puede ver el árbol completo.

Los animales por instinto solo pueden ver luz y sombras y la moción que pasa entre la luz y la sombra.

Una vez más, para describir algo sólido o verlo por completo, pues, tenemos que separarlo o tenemos que hacerlo pedazos o montarlo o reunirlo en los pedazos que ya tenemos en mano.

Del pedazo solido o los pedazos que faltan, podemos hacer una teoría pues haciendo la realidad o el mismo hecho que ya tenemos en la mano muy difícil de ver o de entender.

La teoría es la simple pega para simplemente pegar los pedazos o la realidad o el hecho que ya tenemos en mano, pero muy a menudo la pega es más que la realidad y pues hace más rompe cabezas o más pedazos que aquellos pedazos que en realidad había en mano.

Y pues la mayoría de los científicos y de los teológicos se interesan más en la muy simple pero muy sucia pega, ¡llenado incontables libros que tienen nada que ver con la realidad o con la pieza solidad que ellos empezaron con!

¡Qué ironía y que desperdicio tan grande!

Y aunque los científicos sean bien entrenados, todavía son propensos a sus propios prejuicios, creencia o la falta física o solidad de buena información o de buen conocimiento.

Por ejemplo: ¿Cuál de las dos siguientes preguntas tiene una posible respuesta?

"¿Por qué es el universo redondo? O, ¿Qué hace al universo redondo?

La primera pregunta o la pregunta del "por qué" es una pregunta muy necia o es una pregunta de niñez.

Es una pregunta hecha como si ninguna respuesta es realmente esperada o es realmente deseada por la persona que ha hecho la muy tonta pregunta.

Al mismo tiempo, esa pregunta muy necia o tonta no permite que la persona busque alguna respuesta.

Y si esa pregunta muy necia fuera hecha a otra persona, ¡pues esa otra persona también estuviera estancada o se sintiera inútil, no importa tan inteligente o tan educada y ni siquiera intentaría dar alguna respuesta!

Extraordinariamente, ¡esa primera pregunta o pregunta necia o tonta es hecha más por la gran mayoría de los científicos y profesionales que es hecha por niños necios o juguetones!

Por otro lado, ¡¿Qué hace el universo redondo?" O la segunda pregunta tiene una respuesta!

Es una muy simple respuesta, que aunque llevará a más simple respuesta, ¡dará una final y una muy simple respuesta!

Capítulo 1

¿Qué hace el universo redondo?

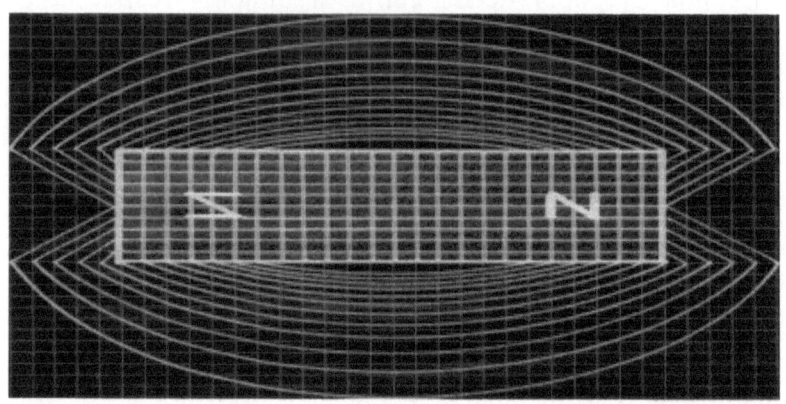

¿Qué hace al universo redondo?

Para poder responder esa muy simple pregunta, pues uno tiene que primero preguntarse: ¿Qué hace al universo?

Eso es, ¿De qué en verdad está hecho o está el compuesto el simple universo?

El simple universo está en verdad hecho o compuesto de espacio o de vacío, de obscuridad y está también hecho de frio o de frialdad.

El simple universo también está hecho de materia, de luz y de calor.

El simple universo también es redondo o es como si una esfera y el simple universo también está en movimiento.

Eso es, la materia está en movimiento.

¿Qué es el espacio?

O, ¿Que es el vacío?

El espacio o el vacío en verdad simplemente es la falta de materia.

El vacío o el espacio no tiene masa o no se puede tocar.

¿Qué es la obscuridad?

La obscuridad también simplemente es la falta de luz.

La obscuridad tampoco tiene masa.

Y, ¿Qué es el frio o la frialdad?

El frio o la frialdad es también simplemente la falta de calor. El frio o la frialdad tampoco tiene masa.

¿Qué es la materia?

La materia en verdad es aquello que simplemente ocupa el vacío u ocupa el espacio.

Y también la materia tiene masa o la materia tiene alguna forma.

¿Qué es la luz?

La luz en verdad es aquello que simplemente ocupa espacio y la luz también tiene masa y la luz también tiene forma.

Y, ¿Qué es el calor o lo caliente?

El calor o lo caliente en verdad es aquello que simplemente ocupa espacio y el calor o lo caliente tiene masa.

Todo lo que existe, no importa tan liviano o ligero, tiene masa o alguna forma.

Hasta la misma luz tiene masa.

La luz se dobla o se tuerce cuando la luz llega o pasa por un campo de gravedad o por un polo magnético.

Y si la luz, que también es calor, se dobla o se tuerce, pues el calor o la luz tiene masa y forma.

Ahora bien, digamos que el espacio o que el vacío, que la obscuridad y el frio o la frialdad son la misma cosa.

Y también digamos que la materia, la luz y el calor son la misma cosa.

Ahora, pues tenemos dos cosas opuestas con que trabajar en verdad: Espacio y materia, la no existencia y la existencia, lo negativo y lo positivo, negro y blanco, y nada y algo o también la expansión y la compresión o el vacío y mencionar también sur y norte.

El espacio y la materia forman el simple y el real universo, cual es redondo o cual es como si una esfera, adonde el espacio y la materia se unen como lados apuestos o se intersectan o hasta se separan o se dividen.

Pues, ¿cuáles dos simple figuras o cuáles dos simple objetos en verdad hacen una esfera o hacen un círculo adonde se unen físicamente o hasta se dividen?

¿Qué tal dos imanes?

¿Qué tal dos imanes en la simple forma de dos cúbicos?

¡Sí!

Adonde los dos imanes en forma cúbicos se unen, en el caso del espacio y la materia, físicamente se encuentran o se unen, en las esquinas, ellos realmente forma una esfera.

De hecho, muchas esferas o muchos círculos son formados por los dos cúbicos o los dos imanes.

¿Pero cómo son las esferas o los círculos formados?

Las esferas o los círculos son formados debido al campo magnético de cada uno de los imanes o dos cúbicos.

Un buen ejemplo es el campo de un imán de barra.

Véase más abajo la figura o el dibujo número uno, la barra de imán.

Figura número uno: La barra de imán

El imán crea una condición en el espacio alrededor del mismo imán.

Ese espacio o esa condición es conocida como un campo magnético.

La atracción de un cúbico por el otro el otro, pues, crea o hace posible las esferas.

Eso es, en vez del campo magnético ir alrededor de cado uno de los cúbicos como lo hace con un imán de barra, el campo jira hacia al cubico opuesto, pues creando o haciendo las esferas o los círculos como en la figura número dos. Véase figura dos abajo.

Figura Numero Dos: Las Esferas Magnéticas

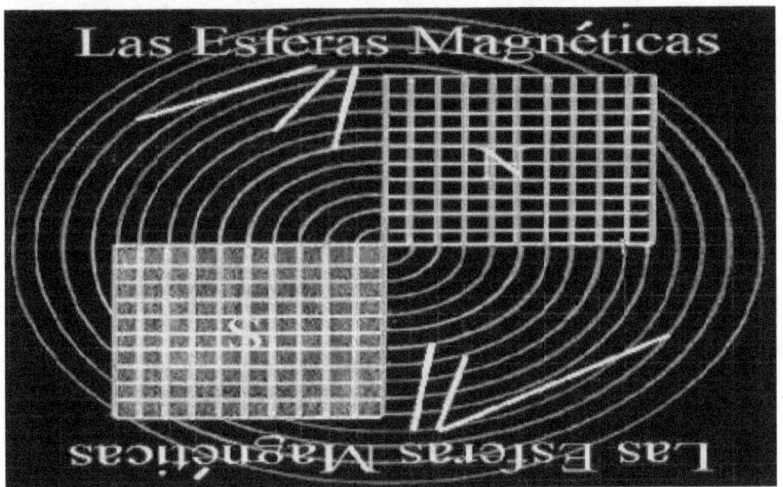

Ahora, ¡adentro de una de esas esferas o círculos está el universo!

Cuando los dos imanes, en este caso espacio y materia, se atraen uno al otro por sus campos magnéticos, los dos imanes crean esferas magnéticas.

Adentro de unas de esas esferas magnéticas o campo magnético está nuestro universo. Véase abajo la figura número tres, el universo.

Figura Número Tres: El universo

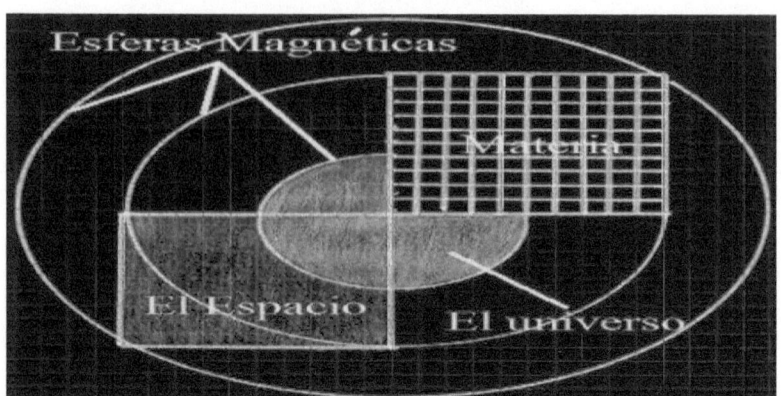

¿Pero qué hace posible el cubico o los cúbicos?
¿Por qué sus formas cubicas?

Como el cubico está fuera del espacio o del vacío, pues no hay compresión o vacío de ningún tipo para actual o para reaccionar con el cubico o los cúbicos, ¡permitiendo el cubico o los cúbicos a expandirse alrededor y pues tomar sus formas de cubico o de cúbicos!

Algo muy interesante sobre el espacio es que el mismo espacio es un gran imitador y el mismo espacio permite que el campo magnético de la materia pueda pasar y pues el espacio también actúa o reacciona también como si un imán por ese mismo campo magnético.

Pues, ahora tenemos dos cúbicos magnéticos y adonde ellos se encuentran o se unen, incontables esferas o incontables círculos son formados; pues, ¡el universo! En realidad, ¡cada esfera o cada círculo es un universo separado!

Ambos cúbicos se atraen uno al otro con la misma fuerza de atracción o con fuerza magnética. El cubico de materia atrae al cubico espacial, pero el cubico espacial suelta nada porque el espacio tiene nada que soltar.

El cubico espacial atrae el cubico material, cual tiene densidad, y una parte del cubico material es soltada y toma espacio en la esfera o en el círculo formado por los dos cúbicos. Véase abajo la figura número cuatro, materia en el espacio o vacío.

Figura número cuatro: Materia en el espacio

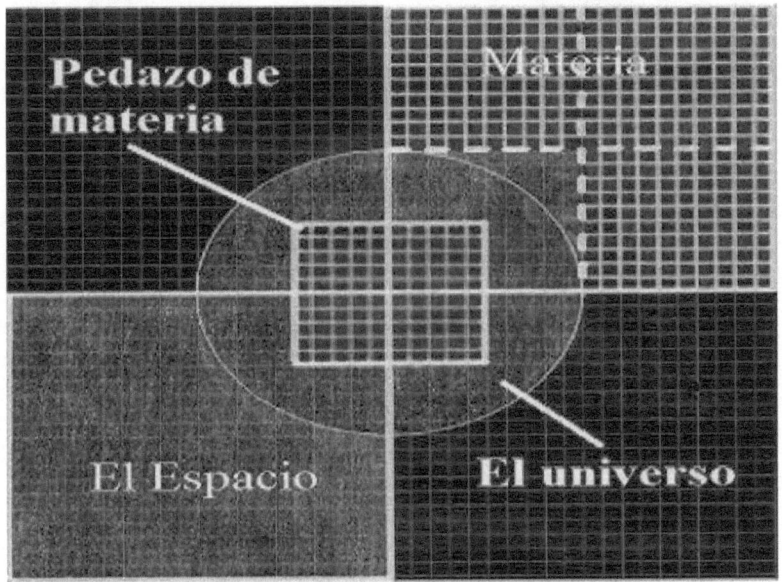

Una vez que la parte física o el pedazo físico del cubico infinito de la materia, la parte cual es también en forma de un pequeño y solido cubico, entre al vacío del espacio o entre en una de las esferas magnéticas, las propiedades de la materia o del pequeño cubico en el vacío del espacio cambia.

La materia en el vacío del espacio se encoge y luego se expande por el universo o se expande por la esfera o el circulo creado por los dos originales cúbicos, el cubico espacial y el cubico material.

Pues, ¡la muy grande explosión!
Véase abajo la figura número cinco, el real universo expandiéndose.

Figura número cinco, el universo expandiéndose

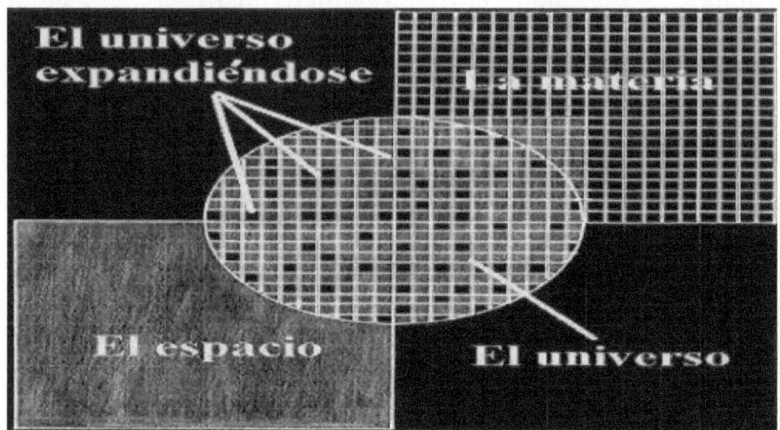

Capítulo 2

Entre los dos infinitos

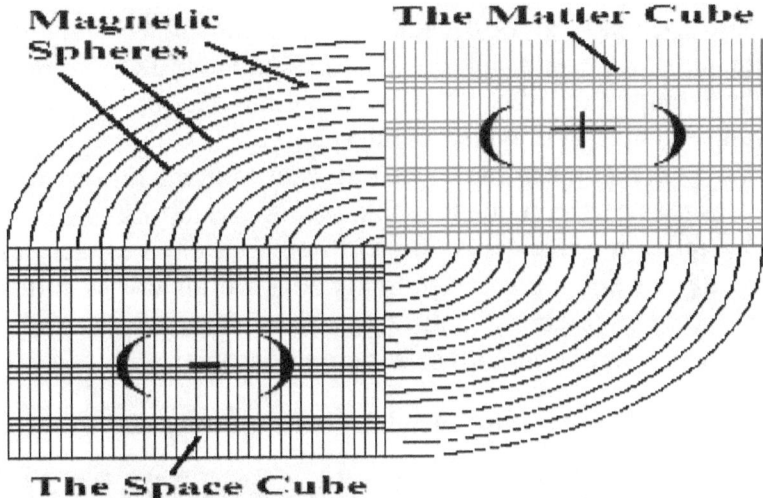

En realidad, una gran cantidad de universos o de dimensiones de tiempos están entre los dos infinitos imanes, el espacio y la materia.

Cada esfera o cada círculo en la figura numero dos nos muestra un universo separado o una dimensión de tiempo separado.

En la figura número dos, por ejemplo, hay catorce esferas o catorce círculos representando catorce universos o catorce dimensiones.

Sin embargo, aunque el cubico espacial y el cubico material se expanden para siempre y las esferas o los círculos son incontables, los números de universos o los números de las dimensiones son limitadas. Lo que tenemos es una esfera adentro una esfera adentro una esfera adentro una esfera hasta la eternidad.

Cada esfera, cada círculo o cada universo está separado por una dimensión de tiempo o está separado por una dimensión espacial.

Los círculos o las esferas o los universos como también las dimensiones de tiempo o de espacial aumentan en tamaño según los dos cúbicos originales se extienden para siempre y siempre.

Eso es, cada esfera o cada universo aumenta en tamaño por uno. La esfera numero dos o el universo número dos, por ejemplo, es dos veces más el tamaño de la esfera número uno o el universo número uno.

La esfera número uno o el universo número uno es tres veces más pequeño que la esfera o el universo tres.

La moción o la expansión en el tiempo o en el espacio es creada por el simple campo magnético de los dos infinitos cúbicos y también por la muy gran explosión.

Véase la figura número seis, tiempo-espacial.

Figura número seis: Tiempo-espacial

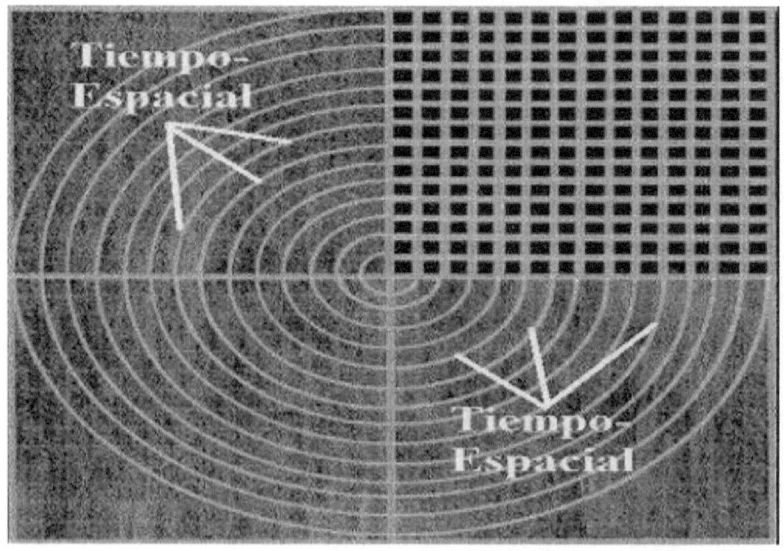

En la figura número seis arriba, note que ahora hay dos más cúbicos.

Eso dos extra cúbicos son los cúbicos del tiempo o son los cúbicos del tiempo-espacial.

Y aunque en realidad eso dos extra cúbicos no son directamente responsable por el tiempo, la mayoría del campo magnético o de las esfera.

Y la expansión del universo o de los universos están adentro de esos dos cúbicos.

Los dos extra cúbicos también indirectamente añaden más espacio al universo o universos.

Pues, por eso se les llaman tiempo-espacial. Cada esfera es una dimensión de tiempo y también un universo separado o un universo solo.

Las dimensiones de tiempo son finitas en número como también son limitadas los números de universos.

Ahora bien, cuando el cubico espacial atrae por fuerza magnética o por campo magnético al cubico de materia o material, no solamente el cubico de materia suelta un pequeño cubico de materia, ¡pero también el cubico de materia suelta múltiples pequeños cúbicos de materia al mismo tiempo!

El cubico de materia suelta pequeños cúbicos de materia de acuerdo el tamaño de las esferas o de los universos.

Eso es, el cubico de materia al mismo tiempo suelta un cubico de materia a la esfera número uno o al universo número uno.

El cubico de materia suelta dos cúbicos de materia a la esfera número dos o al universo número dos.

El cubico de la materia suelta tres cúbicos de materia a la esfera número tres o al el universo número tres, etcétera.

En el caso de la figura número seis, ¡catorce diferente universos o diferente dimensiones de tiempo en verdad comenzaron espontáneamente!

Tan pronto como un pedazo de materia del gigante o del infinito cubico de materia entre al vacío del espacio o entre en la esfera magnética creada por el campo magnético de ambos gigante o infinito cubico de materia y el gigante o infinito cubico espacial, el pedazo de materia en el vacío del espacio e en las esferas magnéticas o los círculos magnéticos es súper compre sado por causa de la enorme presión el enorme vacío del espacio.

La enorme presión o compresión causa al el pedazo de materia, que está en forma cubica, a comprimirse en un gigante esfera de materia solida.

Y por la compresión y la súper calor, ¡pues haciendo posible la muy gran explosión!

En verdad, ¡las muy gran explosiones!

Enorme cantidad de energía se pierde por causa de las muy gran explosiones, pero mucha materia aún queda en el vacío o en la compresión del espacio o en la esfera magnética para expandirse por el espacio y el universo o universos.

Alguna materia, como la más liviana o menos pesada, pierden energía y pues se convierten en planetas y lunas u objetos más pequeños como meteros o hasta polvo espacial.

La materia más pesada o más grande como las estrellas o soles se convierten o se transforman en supernovas, realmente soles o estrellas colapsadas o hundidas que se convierten en un hueco negro en el espacio.

Habrá un punto en el tiempo o en universo o universos, millones de años en el futuro, cuando todo el universo y todos los universos o todas las dimensiones del tiempo serán ocupadas por huecos negros o por estrellas inversas o muertas.

El universo y los universos serán como si un queso suizo, ¡pero sin el muy dulce olor!

Véase abajo la figura número siente, el universo o los universos en implosión.

Figura número siete: El universo en implosión

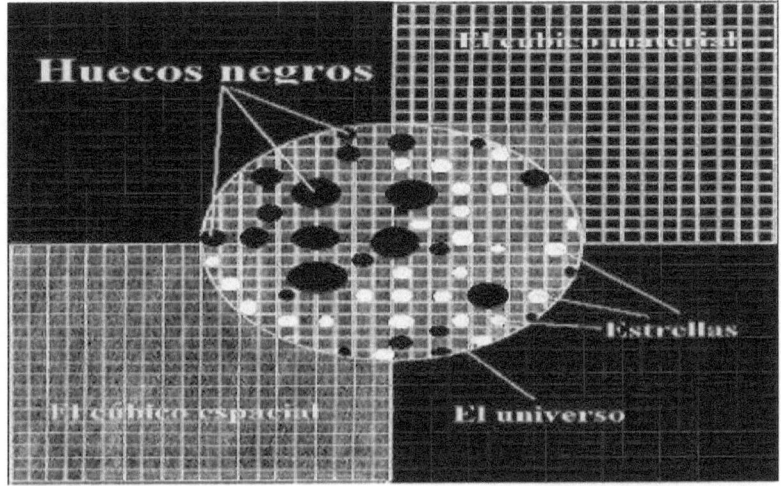

En esta etapa, cuando el universo completo y también todos los otros universos completos o todas las dimensiones de tiempo sean ocupados por los gigantes huecos negros, ¡los gigantes huecos negros harán a desintegrar o harán hacer pedazos la materia en nuestro universo y en todos los universos o todas dimensiones de tiempo espontáneamente!

Eso es, los súper gigantes huecos negros comenzarán a contraer al universo o a los universos hasta que nuestro universo completo o los universos completos se colapsen, ¡lo apuesto a las muy gran explosiones!

Los huecos negros comenzaran a moverse hacia el centro del universo o universos colapsados, pues haciendo un súper gigante o un enorme hueco negro o un enorme vacío por universo.

Sin embargo, el súper hueco negro aumenta en tamaño como el universo aumenta en tamaño.

Véase abajo la figura número ocho, el súper hueco negro.

Figura número ocho, el súper hueco negro

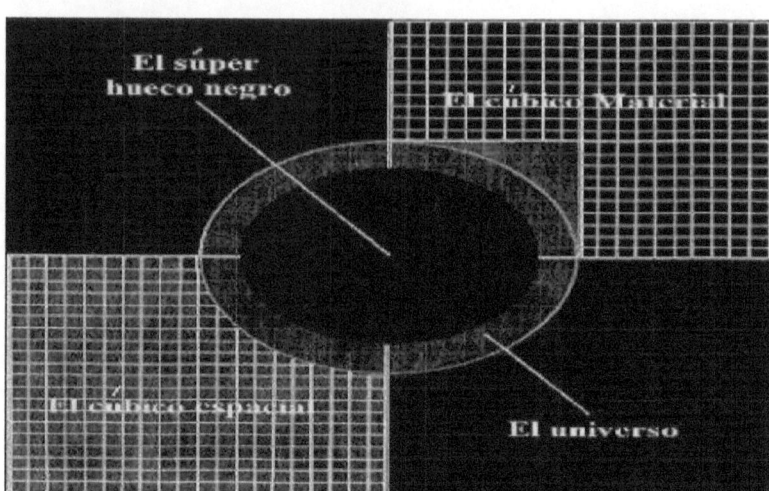

Es este súper gigante o enorme hueco negro en el vacío que atrae nueva materia del cubico de materia o del cubico material.

Una vez que nueva materia entre en el súper gigante hueco negro vacío, ¡la materia es compresa da y pues recreando las muy gran explosiones y destruyendo el súper hueco negro vacío!

Capítulo 3

La existencia siempre fue

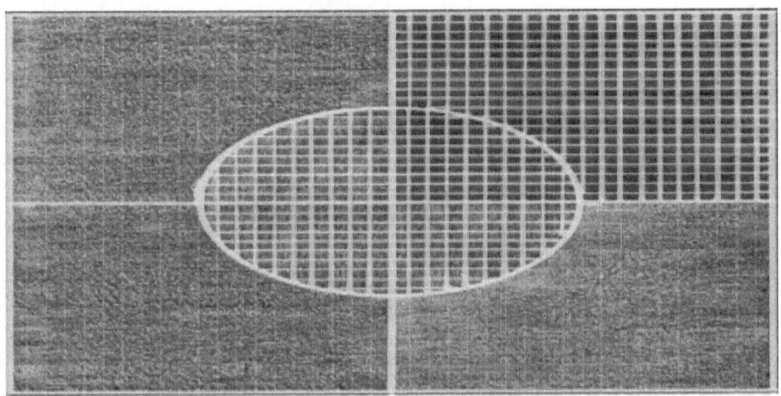

La existencia o el universo siempre fue y por siempre será. Nada también es algo. Nada o vacío o falta es parte de la existencia o del universo. Nada o lo no existente existe y pues también hace posible la existencia o el universo.

El universo o la existencia es un producto de algo, materia; y de nada, espacio. La interacción de algo con nada o nada con algo permite que el universo sea posible o que exista.

El universo y el tiempo son productos de la no existencia y la existencia.

Eso es, el universo y el tiempo son productos de dos opuestos: del espacio o vacío y de la materia, de lo negativo y de lo positivo, de lo no existente y de lo existente o existencia, de lo vacío y de la expansión, de lo negro y de lo blanco.

Adonde esos dos infinitos opuestos se unen o se encuentran, pues ahí está el universo y el tiempo.

El tiempo, que es movimiento o moción o expansión, es creado por el campo magnético o por la atracción magnética de los dos opuestos infinitos: espacio y materia.

El cubico espacial y el cubico material o simplemente toda la existencia es realmente un muy simple motor electrónico, en realidad un simple motor magnético o generador.

El muy simple motor electrónico o magnético es hecho posible por un muy simple campo magnético.

Eso es, el campo magnético hace posible la muy simple moción en el motor.

De la misma manera, el muy simple campo magnético de los dos cúbicos infinitos hace posible la moción y pues el tiempo.

El tiempo, al igual que el simple universo y la simple existencia, por siempre fue y por siempre será. El tiempo, que es moción, movimiento o expansión, no tuvo principio y tampoco tendrá final.

La moción, el movimiento o la expansión en el tiempo es creada por el campo magnético de los dos cúbicos infinitos. El tiempo también es un punto de vista.

Conclusión

El único principio real

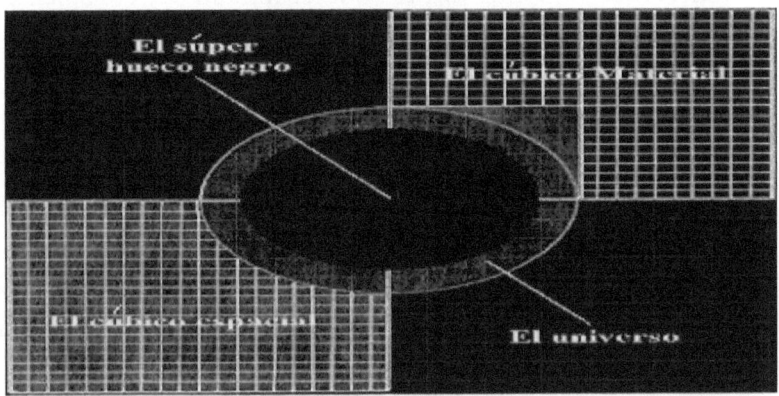

Como hemos visto y como también hemos comprobado, el universo, el tiempo o simplemente la existencia es un simple producto se dos imanes infinitos en forma cubicas

El espacio o el vacío y la materia, que es física o tiene masa o densidad.

Pues, en conclusión, lo más importante de toda la existencia, visto o no visto, ¡es en realidad el pensamiento consciente!

El pensamiento consciente solo existe en seres conscientes vivos. El pensamiento consciente no es un proceso automático como lo es la existencia.

El pensamiento consciente no es un proceso natural y el pensamiento consciente realmente requiere esfuerzo del ser consciente vivo.

Aunque el conocimiento simplemente existe, el ser consciente vivo no sabe o no aprende hasta que el ser consciente vivo haga un esfuerzo para pensar y preguntar esa muy innatural pregunta que le traerá al ser consciente vivo conocimiento o recolección, ¡que es en verdad reconocimiento!

El único real principio en el tiempo y en la toda existencia o en el real universo es en realidad el pensamiento consciente.

Los únicos limites que el ser consciente vivo tiene, ¡pues son en verdad aquellos limites que el mismo ser consciente vivo se dé o se imponga él mismo!

Pues, ¡vamos a pensar en verdad o vamos a cambiar nuestras creencia o vamos a mejorar nuestro punto de vista!

Un día, esperanzadamente muy, muy pronto, ¡pensar o pensamiento consciente será el producto material más importante o será la súper ventaja que un ser viviente poseerá o en verdad tendrá!

Pensar o el pensamiento consciente o esfuerzo consciente algún día también mantendrá todos los universos como también el ser consiente vivo libre de colapso...

¡Gracias por llegar llegando!

¡Gracias por llegar hasta aquí! ¡Y perdone mi español!
Soy de y vivo en la única colonia del mundo, donde el español se habla tan mal como el inglés, donde las tres letras nos azotan para unirnos en separación y en injusticia.
Yo soy uno de esos que honestamente busca la verdad, la verdad de Dios el Creador, la verdad del universo como la verdad de la creación.
Y esas tres partes se convierten como se llenan en otra cuarta parte y esa cuarta parte es uno.
Cuando esta última parte, que ahora es la parte principal, reciba conocimiento y por causa del conocimiento haga, pues entenderá y recibirá reconocimiento y así uniendo todas las partes y completándolas también en uno pero como nuevas.
Porque uno es o uno se hace la verdad con el reconocimiento dado. La verdad hace a uno la verdad para que uno como Dios el Creador, como el universo o como la creación hable como haga la verdad, ¡pues añadiéndole a lo que ya está completo!
Mi nombre como escritor es Forester de Santos y yo en verdad soy uno de esos, y tal vez el único de estos tiempos tan difíciles y tiempos sin fe verdadera y tiempos sin conocimiento verdadero o real, que busca y que rebusca en verdad la verdad del universo, la verdad de la creación de

Dios y la verdad de lo que es la misma salvación del hombre y el hombre, hasta a donde yo sé o yo conozco, no será salvo de la muerte por la propia tecnología del hombre como tampoco el hombre será salvo por la misma espada del hombre ni tampoco será salvo por el más pequeño de lo más pequeño de los átomos.

La tecnología como la también espada o hasta lo más pequeño del mismo átomo solo salvará pero temporariamente.

Y la tecnología puede también ser una doble espada o un contra tiempo porque el hombre no la usa en verdad para expandir o para rendir su propio tiempo o para expandir o para aumentar su propio conocimiento verdadero o real para que por su propio conocimiento verdadero o conocimiento real el hombre pueda pues en verdad renacer en vida porque para renacer en verdad se requiere conocimiento verdadero o conocimiento real o entendimiento verdadero o real.

Mi gran búsqueda y re-búsqueda en verdad por la verdad del universo, por la misma verdad de la creación de Dios y por la verdad de lo que es la salvación del hombre, me ha hecho muy bien, también que me ha llevado a lograr en verdad a no solo tener fe verdadera de Dios, cuando antes había en mi un vacío muy doloroso o una muy dolorosa soledad, pero mi gran búsqueda también me ha llevado a entender lo que es en verdad la salvación verdadera o real del hombre por Dios el buen y el muy amoroso Creador.

Y la simple verdad es que sin conocimiento real o sin conocimiento verdadero de Dios, pues en verdad no habrá la salvación real de Dios y sin la salvación de Dios, pues no habrá salvación del hombre ni tampoco habrá la salvación del universo, porque según el mismo hombre volverá muerto al mismo polvo pues también el mismo universo también volverá a nada...

Pues en verdad les digo, ¡en mis escrituras hay ciertas verdades o conocimiento real o verdadero de vida!

¡Muy Gozoso en verdad y muy alegre en verdad todo aquel que en verdad preste toda atención porque la salvación no es para todo hombre!

Porque en verdad, ¡les digo que por el gozo verdadero y por la alegría verdadera uno renace en vida para continuar con vida, pero continuar con vida en abundancia verdadera o en abundancia real, en abundancia verdadera o real de Dios porque Dios será por mucho más en verdad!

Algo Más Sobe Este Escritor

Todo escritor tiene que tarde o temprano llegar a las cosas que a ellos en verdad les gusta escribir sobre y muchos llegan a escribir adonde está el dinero fácil y muchos escritores se hacen ricos monstruos en llegar hacerse muy ricos por escribir ficción o fantasía o hasta perversión, ¡aun así bien por ellos!

Pero la gran pregunta es, ¿Cuánto más fantasía para la raza humana si la raza humana ha estado viviendo en fantasía o en mitología desde que la raza humana empezó a pensar?

Porque en verdad, ¡el principio de las cosas es el pensamiento o el conocimiento y entre más verdadero el pensamiento o el conocimiento, pues más verdaderas o completas son las cosas!

Ahora bien, ¡esa fue la pregunta que yo como escritor en verdad me pregunté cuando yo también comencé a escribir versos y hasta obras de ficción o de fantasías!

Y pues yo comencé a escribir sobre la inmortalidad, y como dice el dicho, ¡uno en verdad se transforma en lo que uno cree o piensa o escribe o hasta lo que uno lee más sobre!

¡Gracias por llegar hasta aquí! ¡Y perdone mi español!

Soy de y vivo en la única colonia del mundo, adonde el español se habla tan mal como el inglés, adonde las tres letras nos azotan para unirnos en separación y en injusticia.

Yo soy uno de esos que honestamente busca la verdad, la verdad de Dios el Creador, la verdad del universo como la verdad de la creación.

Y esas tres partes se convierten como se llenan en otra cuarta parte y esa cuarta parte en verdad es uno.

Cuando esta última parte, que ahora es la parte principal, reciba conocimiento y por causa del conocimiento haga, pues entenderá y recibirá reconocimiento y así uniendo todas las partes y completándolas también en uno pero como partes nuevas y abundantes.

Porque en verdad, uno es o uno se hace la verdad con el reconocimiento dado o concedido.

La verdad hace a uno la verdad para que uno como Dios el Creador, como el universo o como la creación hable como haga la verdad, ¡pues añadiéndole a lo que ya estaba completo!

Notas Para Completar

El Factor Más Cero Negativo

Aquellos que aceptan una idea a siegas o sin tratar o sin probar esa idea, pues ellos sin saberlo se convierten en mentirosos.

Pero aun así, mentirosos ellos son y como mentirosos ellos viven y le mentirán a otros para convencerlos que acepten o crean y ellos seguirán mintiendo hasta la muerte ella misma y la muerte ella misma cerrará su trampa mentirosa.

Ahora, cuando uno hace el movimiento o se interesa por conocimiento, pues uno en verdad se transforma en ese conocimiento.

Cuando el universo llegó a existir, el universo llegó a existir por causa del conocimiento.

La prueba está en los números o en la materia cual está compuesta de elementos y los elementos en cambio en verdad son números, números reales.

En otras palabras, la materia es conocimiento porque la materia está compuesta de elementos y los elementos están compuestos de números y los números están compuestos de unos estados positivo, neutral y negativo, pues el factor (+ 0 -), más cero negativo.

Lo que en verdad esto significa es que el conocimiento puede llegar hacer neutral o carente o inútil y después llegar hacer negativo o contra productivo si al principio nada es hecho con ese conocimiento, tal como transformar ese conocimiento en reconocimiento o en una respuesta positiva o útil.

Pues de igual manera, el universo o el vacío del espacio se hace positivo cuando materia entra al universo o al vacío del espacio.

Pero cuando la materia llega a apagarse, el universo o el vacío del espacio comienza a ponerse o hacerse neutral hasta hacerse negativo, negativo por causa de los huecos negros cuales ahora reinan el universo o el vacío del espacio cual también ahora ellos aspiran algún polvo o alguna materia que aún está para hacer espacio para otro principio.

Pero este nuevo principio es como si el primer o único porque no habrá rastro de que alguna vez hubo un primer principio.

Pero la materia de arriba tan solo sería una teoría o una idea si el ser consciente, cual también es conocimiento, hiciera por reconocimiento y el ser consciente tuviera el poder y la autoridad de los cielos sobre la materia para refrescar la materia y pues mantener al universo siempre positivo y refrescándose.

Otros títulos por Forester de Santos:

Mis Cortos, cuales son 4 cortas obras en ficción.

Segunda llamada a los cristianos, cual es un llamado a que busquen la verdad para que por ella puedan hacer la voluntad del Dios Creador y por hacer la voluntad de Dios el Creador pues renacer por ella.

Y **Un día en la vida de un poeta**, cual es una búsqueda de un estilo o uno genero de escribir.

Ensayos de uno Salvador, cual es unos ensayos explicando lo que es la verdadera salvación.

Sabiduría Negada, cual es sobre la sabiduría de corazón, una sabiduría que como la fe verdadera ya casi no se encuentra.

¿Quién soy yo real?

Mi nombre como dichoso escritor es Forester de Santos y yo en verdad estoy en una muy grandiosa cruzada de renacer o de renacimiento vivo o de nacer de nuevo en vida real con completo gozo real y con completa alegría real y también con completa abundancia real de Dios pero Dios como mucho más que Dios y como mucho más que Creador por conocimiento real…

Ahora bien, aquel que en verdad está en una muy grandiosa cruzada no puede seguir a otro o no puede dejarse ser rodeado por sus amados o por sus fanáticos porque aquel no puede cruzar sobre ellos o aquel no puede cruzar por la causa de ellos estar en el medio o por ellos estar bloqueando el grandioso camino cual en verdad es pero que no se puede ver hasta el renacimiento o hasta que uno nazca de nuevo…

Yo no les pido que me sigan, pero no porque yo no los llevaré o no los guiaré, pero porque yo no miraré hacia atrás pero yo miraré hacia mi derecha y hacia mi izquierda para ver quien en verdad camina conmigo.

Pero aquellos que en verdad deciden seguirme serán como yo y como yo en verdad recibirán conocimiento verdad porque mi lucha o mi muy grandiosa cruzada de renacer es verdadera, tan verdadera de hecho que yo me ha convertido en una mejor persona por la fe verdadera cual yo ha llegado a recibir en verdad por mi búsqueda y re búsqueda de la verdad…

Y porque yo ha llegado a tener fe verdadera o fe de Dios, ¡pues yo uso mi fe verdadera como un escudo para repeler o para rechazar otras creencias o mentiras que suenan bien!

Por lo tanto, ¡al renacer vivo o al nacimiento de nuevo mientras aún vivo aquí en la misma tierra cual en verdad será como si en los mismos cielos por renacer!

(88)

Pues, si a usted le gusta en verdad esta simple como humilde obra, ¡pues déjenmelo saber por dejar un simple comentario y también por votar por ella según su buen placer!

De nuevo, muchas, muchas gracias por prestarme su tiempo y todas bendiciones a usted de este su muy humilde escritor, Forester de Santos…

(-) (0) (+)

###

www.ingramcontent.com/pod-product-compliance
Lightning Source LLC
Chambersburg PA
CBHW030547220526
45463CB00007B/3009